BIBLIOTHÈQUE MORALE

In-18 2e Série.

LES
CYGNES D'AMÉRIQUE

CAPITAINE MAYNE-REID

LES CYGNES D'AMÉRIQUE

TRADUCTION

DE BÉNÉDICT-HENRY RÉVOIL

LIMOGES
ANCIENNE MAISON BARBOU FRÈRES
Ch. BARBOU, ÉDITEUR
Avenue du Crucifix

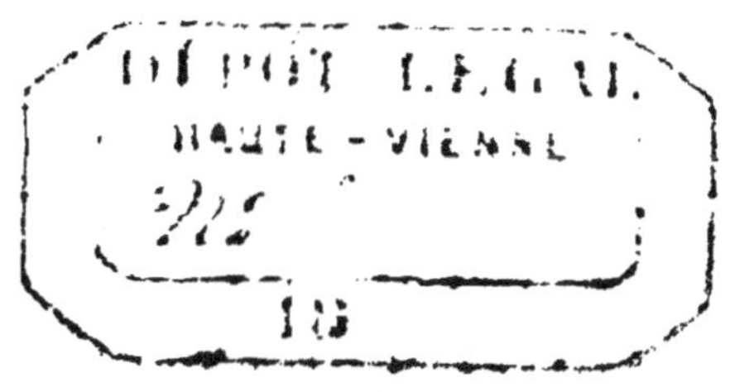

LES
CYGNES D'AMÉRIQUE

Blanc comme un cygne est une comparaison aussi ancienne que le langage des hommes lui-même; mais ce dicton embarrasserait fort un habitant de l'Australie, accoutumé à voir cet oiseau sous une tout autre couleur. L'appellation est pourtant exacte quand il s'agit des cygnes de l'Amérique du Nord, dont les trois espèces, — car il y en a trois, — ont la blancheur de la neige.

Nous n'avons pas besoin de décrire en détail la forme et l'apparence extérieure du cygne ; tout le monde a vu ces oiseaux et les connaît. Un cou long, fièrement redressé et gracieusement recourbé ; la poitrine arrondie, la queue relevée, une légèreté sans pareille à se tenir sur l'eau, et une extrême facilité pour se livrer à des mouvements gracieux, telles sont les particularités que chacun a observées, admirées et gravées dans ses souvenirs. Ce sont là des qualités ordinaires à tous les oiseaux du genre *cycnus*, et qui par conséquent n'appartiennent pas exclusivement au cygne d'Amérique.

Bien des gens s'imaginent qu'il n'y a que deux espèces de cygnes, le blanc et le noir. Le cygne noir était, il y a peu d'années, inconnu du public, et par conséquent privé de l'admiration générale. Mais il y a en outre plusieurs espèces de cygnes bien distinctes, différant toutes les unes des autres par la taille, par la voix et par plusieurs autres particularités. En Europe seulement, il y a quatre races de cygnes qui se distinguent chacune par des traits particuliers.

On a longtemps cru que le cygne commun d'Amérique ne différait en rien de celui d'Europe, si répandu en Angleterre. Il est maintenant avéré que ces deux oiseaux sont de races tout à fait distinctes ; bien plus, dans l'Amérique du Nord, on en a classé deux autres espèces, qui non seulement diffèrent entre elles, mais qui n'ont pas la moindre ressemblance avec le cygne américain : la première est le cygne-trompette (*cycnus buccinator*), et la seconde est le petit cygne de Berwick (*cycnus Berwikii*), qu'on rencontre quelquefois en Europe.

L'espèce ordinaire d'Amérique a le

plumage du blanc le plus pur, le bec, les jambes et les pattes d'un noir de jais. On remarque chez quelques individus une légère teinte jaune orange qui couvre le sommet de la tête, et qui s'étend des coins du bec jusqu'aux yeux. A la partie inférieure du bec se trouve un tubercule ou excroissance de chair, et le bout de la partie supérieure est recourbé.

Les petits de cette espèce de cygnes sont de couleur gris-ardoise, et la teinte rougeâtre de leurs plumes sur le sommet de la tête est plus prononcée, la membrane qui va de la bouche aux yeux est dans les jeunes oiseaux couverte de plumes, et leur bec et couleur de chair. Cette description se rapporte en tous points au cygne de Berwick; seulement ce dernier n'atteint pas plus des trois quarts de la grosseur de l'autre ; il n'a, en outre, que dix-huit plumes à la queue, tandis que le cygne d'Amérique en a vingt. Le son de la voix est aussi complètement différent.

Le cygne-trompette ne ressemble à aucune de ces deux espèces. D'abord il est beaucoup plus gros ; on en voit quelquefois qui mesurent six pieds de long : il n'a pas d'excroissance de chair dans le bec, pas plus que de tache sous les yeux. Il a les jambes, les pattes et le bec entièrement noirs, et le reste du corps tout blanc, à l'exception de la tête, qu'on trouve quelquefois couverte d'une teinte d'un brun rougeâtre ou châtain clair. Lorsqu'il est jeune, son plumage est d'un blanc gris mélangé de jaune, et la tête châtain foncé. Il a vingt-quatre plumes à la queue ; mais ce qui le distingue des autres oiseaux de sa race, c'est la conformation de son gosier. Chez le cygne-trompette, cet organe rentre dans une protubérance qui s'étend le long du sternum, et dont on ne trouve nulle trace dans les autres espèces. Il est fort probable que cette conformation influe sur son chant tout particulier, qui ne ressemble pas du tout à celui des deux autres. Le cri est plus fort et plus sonore, et à une certaine distance on le prendrait pour le son tiré d'une trompette ou pour le son du cor. C'est ce qui lui à fait donner le nom vulgaire sous lequel le connaissent les chasseurs.

Tous les cygnes d'Amérique sont voyageurs, c'est-à-dire que chaque année ils émigrent du nord au sud, et qu'au commencement du printemps ils retournent vers les régions arctiques.

Le moment de l'émigration n'est pas le même pour les trois espèces. Le cygne-trompette est le premier ; il précède même tous les autres oiseaux, à l'exception de l'aigle. Puis vient le *cycnus americanus,* et enfin les cygnes de moindre taille, qui sont les derniers de tous les oiseaux émigrants.

Le cygne trompette remonte au nord dès la première débâcle des glaces ; quelquefois ils arrivent, dans le cours de leur voyage, à un endroit où le dégel n'a pas encore été assez fort pour fondre les glaces ; alors ils retournent sur leurs pas, jusqu'à ce qu'ils trouvent un lac ou une rivière où les eaux soient plus libres : ils restent là quelques jours, attendant que les cours d'eau soient dégagés plus au nord.

Quand on voit des cygnes ainsi attardés et retenus en arrière, c'est toujours une preuve certaine de la rigueur extraordinaire de la saison.

Les cygnes vont au nord pour y

pondre et couver leurs œufs. Pourquoi cela, cette habitude est encore un mystère. Peut-être se sentent-ils plus en sûreté dans les déserts, inhospitaliers pour nous, mais très hospitaliers pour eux, que renferme le cercle arctique. Le cygne-trompette bâtit son nid jusqu'au 61° de latitude, mais la plupart du temps il se retire dans la zone glaciale.

Les cygnes de la petite espèce ne nichent jamais dans les régions aussi méridionales : ils poussent leur vol jusqu'à l'Océan glacial. Leurs nids sont faits des morceaux de cette mousse qui croît sur la tourbe; ils ont souvent six pieds de long sur quatre de large et deux de hauteur : au faîte de ces monticules se trouve le nid, consistant en une cavité d'un pied de profondeur et d'un pied et demi de diamètre.

Le cygne-trompette et le cygne d'Amérique s'établissent dans les marais ou dans les îles au milieu des lacs. Dans les contrées où le rat musqué abonde, les demeures en forme de dôme de ces rongeurs, abandonnées à cette époque de l'année, servent de nid au cygne et à l'oie sauvage. Sur le faîte de cet édifice, isolé au milieu de vastes marais, ces oiseaux sont à l'abri des atteintes de tous leurs ennemis, à l'exception pourtant des attaques de l'aigle.

Les œufs du cygne-trompette sont très gros. Un seul suffit pour le repas d'un homme. Ceux du cygne d'Amérique, moins volumineux, ont une apparence verdâtre, tandis que ceux du cygne Berwick sont plus petits, d'un blanc brun, et d'une teinte tant soit peu foncée.

Ils pondent ordinairement six ou sept œufs à la fois. Les jeunes cygnes qui ont atteint toute leur croissance, et même ceux qui ne sont encore qu'à moitié de la taille ordinaire, passent pour un manger très délicat ; ils sont très recherchés par les chasseurs et par les Indiens pourvoyeurs de la compagnie des marchands de pelleteries.

Lorsque les jeunes ont pris tout leur développement, et lorsque la gelée commence à se faire sentir sur les lacs et les rivières des régions hyperboréennes, les cygnes commencent à prendre la route du sud. Ils ne vont pas alors en ligne directe comme au printemps ; ils mettent plus de temps à voyager, et séjournent plus longtemps dans les pays par lesquels ils passent. La cause de ce ralentissement dans leur émigration vient sans doute de ce qu'ils n'ont plus les mêmes motifs de se presser. Au printemps, ils sont poussés par l'instinct qui les pousse à faire leur nid, tandis qu'en automne, ils vont de lac en lac, de rivière en rivière, en quête de nourriture. Dans l'arrière-saison, comme au *renouveau*, à la fin de l'hiver, ce sont encore les cygnes-trompettes qui s'aventurent les premiers, gagnant d'abord les grands lacs, puis les côtes de l'Atlantique, et enfin les rives du Mississipi jusqu'aux bords marécageux du golfe du Mexique.

Il est à remarquer que cette dernière espèce se trouve rarement sur les rivages de l'Atlantique, où l'on rencontre le cygne ordinaire en plus grand nombre. Le cygne-trompette ne fréquente pas non plus ni l'océan Pacifique ni le fleuve Colombia, où les cygnes d'Amérique abondent, mais où ils sont pourtant bien moins nombreux que la plus petite espèce ;

celle-ci l'emporte sur l'autre dans la proportion de cinq pour un. Le cygne de Berwick est complétement inconnu dans les territoires de l'intérieur, où l'on fait la chasse aux fourrures. Ces régions ne sont fréquentées que par le cygne-trompette, qui s'y rencontre en troupes innombrables. Les peaux des oiseaux de cette dernière espèce sont généralement exportées par la compagnie de la baie d'Hudson, et forment un article important de son commerce.

Les Indiens des pays à fourrures font une chasse acharnée à ce noble oiseau et ils en vendent les dépouilles aux marchands à un prix assez élevé. La peau et les plumes du cygne sont très estimées. En outre, leur chair est d'une ressource infinie pour ces pauvres gens, dont l'existence entière, il faut bien se le rappeler, est consacrée à se procurer des vivres, et qui la moitié de l'année sont à la veille de mourir de faim.

Aussi cet oiseau, qui pèse de vingt

à trente livres, et qui compte parmi le gros gibier, est-il poursuivi à outrance par les chasseurs de race blanche comme par ceux de race de couleur. Toutes les ruses que peut produire l'imagination des Indiens sont mises en usage pour arriver à portée de ces monstrueux volatiles ; ils inventent pour les surprendre des pièges, des engins et des appeaux qui feraient honneur au plus habile braconnier des pays civilisés.

Mais les cygnes sont, parmi toutes

les créatures de Dieu, celles qui sont les plus faciles à effaroucher. Leur vol est si rapide, à moins qu'ils n'aient le vent en tête, qu'il faut être un tireur fort habile pour les atteindre. Même au temps de la mue, ou à l'époque où ils sont tout jeunes, ils évitent encore le plomb du chasseur, en courant et voltigeant sur l'eau de manière à devancer un canot dirigé par d'habiles rameurs.

Les moyens les plus usités par les

chasseurs sont des pièges disposés de la manière suivante :

On choisit un lac ou un fleuve parmi ceux qui sont habituellement fréquentés par les cygnes lors de leur voyage vers le sud ; car c'est alors la meilleure saison pour faire cette chasse.

Quelque temps avant l'arrivée des oiseaux, on plante dans l'eau une certaine quantité d'échalas tressés d'osier, partant à l'angle droit de l'un des bords, et placés à quelques mètres les uns des autres. Dans l'espace laissé entre chaque échalas formant treillage, aussi bien que dans certaines ouvertures ménagées dans l'ouvrage même, on fixe des lacets faits de boyaux de daim, dont la forme est ovale, et qui se termine par des nœuds coulants. On les dépose de manière que plusieurs de ces lacets puissent intercepter l'ouverture et que le cygne ne puisse passer sans être pris.

Le lacet est fixé à un pieu enfoncé dans le lit de la rivière assez solidement pour qu'il ne puisse pas être arraché par les efforts de l'oiseau en se débattant. En outre, afin que le vent ne dérange pas le nœud de la position dans laquelle il doit être placé, et de peur qu'il ne soit entraîné par le courant, on l'attache aux broussailles de la rive avec quelques brins d'herbes, qui offrent peu de résistance, et qui cèdent dès qu'un oiseau y a engagé sa tête et son cou.

Ces barages, ou treillages de broussailles, doivent toujours être attenant à la rive, car on sait que le cygne longe ordinairement les bords lorsqu'il est en quête de nourriture. Dans une rivière ou sur un lac où les eaux sont peu profondes, lorsqu'on peut facilement y enfoncer des pieux partout, on prolonge l'ouvrage d'un bord à l'autre.

On s'empare encore des cygnes sur leurs nids. Dès qu'on en a découvert un, on place un lacet de manière à attraper l'oiseau au moment où il revient à ses œufs. Ces volatiles ont cela de commun avec plusieurs autres espèces, qu'ils ont l'habitude de rentrer dans leur nid d'un côté et de sortir par l'autre; c'est du côté de l'entrée qui faut poser le lacet.

Les Indiens croient que si la personne qui dresse le piège n'a pas les mains propres, l'oiseau n'approchera pas, et préférera abandonner ses œufs, même quand il les aurait couvés depuis quelque temps.

Ce qu'il y a de certain, c'est qu'on a observé chez plusieurs oiseaux cette habitude, qui peut être appartient aussi au cygne sauvage, car chaque fois qu'il revient à son nid il en fait une inspection minutieuse, et le moindre dérangement qu'il remarquerait aux abords le ferait hésiter à en approcher.

On peut tirer le cygne comme tout autre oiseau si on parvient à l'approcher sans en être vu. Il faut, pour le tuer, du très gros plomb, le même qu'on emploie pour le cerf, et qu'on connaît en Europe sous le nom de chevrotines ; en Angleterre, on le nomme plomb à cygne.

Il est très difficile d'arriver à portée du cygne sauvage. Cet oiseau est naturellement farouche, et la longueur de son cou lui permet de voir au loin, par dessus les bords du cours d'eau ou du lac sur lesquels il prend ses ébats. Quand par hasard il n'y a pas de taillis, ce qui arrive assez souvent dans les endroits qu'il fréquente, il est impossible de l'approcher.

Quelquefois, le chasseur s'abandonne au courant pour arriver jusqu'à lui, monté dans un canot, autour duquel il a placé une garniture d'herbes et de buissons. Quelquefois encore, il arrive près du cygne caché sous la peau d'un cerf où sous celles d'un quadrupède quelconque. Le cygne, ainsi que la plupart des oiseaux sauvages, a plus peur de l'homme que de tout autre animal.

A l'époque de l'émigration du printemps, lorsque le cygne se dirige vors le nord, le chasseur, caché derrière un monticule ou un arbre, l'attire souvent en imitant son cri. Ce moyen n'a pas autant de succès en automne.

A la fin de l'hiver, lorsque les cygnes se sont trop tôt mis en route, on les voit arriver en bandes innombrables dans le voisinage des sources et des chutes d'eau, car partout ailleurs l'eau est congelée. Les chasseurs s'embusquent alors près de ces réservoirs liquides, et aussitôt que les oiseaux arrivent à portée, une décharge générale en fait un effroyable carnage

Je vais vous raconter une chasse aux cygnes faite à la lueur des flambeaux, à laquelle j'ai assisté il y a quelques années.

Je m'étais arrêté pendant quelques jours, dans une plantation reculée, située sur un des affluents nord de la Rivière-Rouge. C'était en automne, et les cygnes-trompettes étaient arrivés dans les environs, se rendant vers le sud. J'étais plusieurs fois sortit avec mon fusil avec le désir d'en apercevoir, mais ces diables d'oiseaux étaient si farouches que jamais je n'avais pu arriver à portée. J'avais mis en usage tous les expédients imaginables, appeaux, déguisements, ruses de toutes sortes ; rien n'avait réussi. Enfin je me décidai à les aborder à la lueur des flambeaux.

Aucun des chasseurs de plantation n'avait jusqu'alors employé ce moyen, mais comme la plupart avaient, d'une façon ou d'une autre, au moyen de pièges et de ruses, réussi à prendre plusieurs cygnes, mon amour propre de chasseur se sentait humilié, et je voulais montrer que je pouvais aussi bien qu'eux abattre un de ces oiseaux. Je n'avais jamais vu chasser le cygne aux flambeaux, mais ce moyen, comme vous le savez déjà, m'avait réussi pour le cerf, et je voulais en faire l'essai sur les cygnes.

Je gardai le plus profond secret sur mes intentions, voulant, s'il était possible, surprendre mes hôtes ; mon domestique fut le seul que j'admis dans ma confidence, et nous procédâmes à nos préparatifs, qui étaient complétement les mêmes que ceux dont je vous ai parlé pour ma chasse aux cerfs longues queues ; seulement, au lieu de nous aventurer dans un canot creusé dans un tronc d'arbre, nous avions un esquif léger fait d'écorce de bouleau, pareil à ceux dont se servent les Chippeways et les Indiens des territoires du Nord.

Nous l'avions emprunté à un colon, et, par mes soins et ceux de mon domestique, il avait été rempli clandestinement du combustible nécessaire pour entretenir le feu, et des autres objets indispensables pour la chasse

Tout était prêt, et je n'attendais plus qu'une nuit sombre pour mettre mon projet à exécution.

Heureusement je ne tardai pas à en trouver une telle que je la désirais, noire comme l'Erèbe. Mon domestique prit les rames, et nous nous sentîmes bientôt emportés par le courant.

Dès que nous fûmes à quelque distance des habitations, nous allumâmes dans la poêle nos pommes de pin. La flamme, réfléchie par la surface concave et noircie de l'écorce, jetait une lumière vive et brillante sur le demi-cercle en avant du bateau, tandis que nous, cachés derrière notre écran, nous nous trouvions dans les ténèbres les plus profondes. J'avais entendu dire que le cygne, loin de s'effrayer de la lueur de la flamme, se laissait facilement éblouir, et que, poussé par la curiosité, il s'approchait quelquefois du point lumineux, comme le font les cerfs et certains autres animaux. Rien n'était plus vrai ; nous en eûmes bientôt la preuve.

A peine avions-nous parcouru un mille en descendant le cours de l'eau, que nous aperçûmes plusieurs objets blancs qui se mouvaient dans le cercle de notre lumière.

Quelques coups de rames nous en approchèrent assez pour nous montrer que c'étaient des cygnes. Nous distinguions la longueur démesurée de leurs cous, et il était facile de voir qu'ils avaient cessé de nager pour contempler avec étonnement l'étrange machine qui s'avançait vers eux.

Il y en avait cinq ensemble : j'ordonnai à mon domestique de se diriger vers celui qui paraissait le plus près de nous, et je lui recommandai surtout de faire avec ses rames le moins de bruit possible ; en même temps j'examinai les capsules de mon fusil à deux coups, afin de ne pas avoir le désagrément d'un raté.

Pendant quelques temps, les cygnes conservèrent une immobilité complète, ils s'élevaient au dessus de l'eau, et tenaient leurs longs cous élevés à une assez grande distance de la surface. Il était facile de voir qu'ils étaient moins effrayés que surpris.

Lorsque nous fûmes à une portée de cent mètres, je les vis commencer à se mettre en mouvement et à se resserrer l'un contre l'autre, tout en poussant un sifflement particulier qui avait quelque rapport avec celui du cerf. J'avais entendu parler du chant du cygne, qui sert de prélude à sa mort, je fus donc fondé à m'imaginer que le son qui venait me frapper l'oreille était celui attribué à cet oiseau lorsqu'il touche à son heure dernière.

Afin que le rêve devint une réalité, je me penchai en avant. j'armai les deux coups de mon fusil, je me mis en joue et j'attendis le moment propice.

Les oiseaux ne formaient plus qu'un groupe tellement serré, que leurs cous s'entrelaçaient presque l'un dans l'autre ; quelques efforts silencieux de la rame m'amenèrent à portée, et visant aux trois têtes qui se trouvaient sur la même ligne, je fis feu de deux coups à la fois.

Le recul me jeta en arrière, et pendant quelques instants la fumée nous empêcha de voir ce qui s'était passé.

Dès qu'elle se fut dissipée, nous eûmes le plaisir de voir flotter deux grands corps blancs dans le sillage de la lumière, tandis qu'un troisième oiseau, évidemment blessé, se débattait sur la surface de l'eau, qu'il fouettait avec ses ailes.

Les deux autres s'étaient élevés dans les airs, et, malgré la hauteur prodigieuse où ils se trouvaient, on entendait encore les sons pareils à ceux de la trompette, qui trahissaient la direction de leur fuite au milieu des profondeurs ténébreuses de la nuit.

Nous nous hâtâmes de ramasser notre gibier ; celui qui se débattait était un mâle énorme, les deux oiseaux tués roide étaient deux jeunes cygnes.

C'était un heureux commencement ; aussi nous empressâmes-nous à raviver notre brasier et à continuer notre excursion en descendant le courant. Nous voulions savoir si nous ne pourrions pas tuer encore quelques cygnes. A un demi mille environ plus bas, nous rencontrâmes trois autres oiseaux de la même espèce, et je réussis à en tuer un.

Quelques coups de rames nous amenèrent en vue d'une troisième compagnie, et chacun des.coups de mon fusil me procura une pièce de gibier.

Un peu plus bas je réussis à tuer une paire d'oies sauvages.

Nous descendîmes ainsi la rivière l'espace d'au moins dix milles, tuant sur notre route des cygnes et des oies à plaisir. La nouveauté de ce genre de chasse, l'aspect sauvage du paysage se déroulant à nos yeux, et que rendait encore mille fois plus pittoresque la flamme projetée par nos pommes de pin, l'ardeur que nous inspirait le succès, tout se réunissait pour nous offrir un charme infini, et si les pommes de pin ne nous eussent pas manqué, nous serions restés en chasse jusqu'au lendemain matin.

Le manque de combustible nous força à revenir vers la plantation : nous virâmes de bord, avec la perspective bien moins agréable d'un travail beaucoup plus pénible, celui de remonter le courant à force de rames. Cependant la satisfaction d'avoir accompli un grand exploit, ou, pour nous servir du langage des chasseurs canadiens, d'avoir fait *un grand coup*, rendit notre tâche moins ardue, et nous parvînmes bientôt à l'habitation de nos hôtes.

Le lendemain matin, nous étalâmes à leurs yeux le produit de notre chasse.

Il consistait en douze cygnes-trompettes, outre trois cygnes ordinaires. Nous avions aussi deux oies du Canada, une oie d'hiver et trois grèbes ; j'avais tué ces derniers d'un seul coup de fusil.

Les chasseurs de la plantation se montrèrent quelque peu jaloux ; ils ignoraient quels moyens j'avais pu employer pour obtenir un résultat de chasse aussi prodigieux. Je leur cachai mon secret pendant quelque temps ; mais la poêle à frire et le morceau d'écorce noircie trahirent mon procédé et firent découvrir tout notre stratagème. Aussi la nuit suivante, on voyait flotter au gré du courant une douzaine de canots portant chacun des feux allumés à l'avant, et les échos d'alentours répercutaient les sons d'une fusillade soutenue. On aurait dit une petite guerre.

Limoges. — Imp. de Charles Barbou.

www.ingramcontent.com/pod-product-compliance
Lightning Source LLC
LaVergne TN
LVHW011958160826
845678LV00002B/599

* 9 7 8 2 3 2 9 6 8 2 1 0 5 *